PLANETA ANIMAL

LOS COYOTES

POR MARI BOLTE

CREATIVE EDUCATION • CREATIVE PAPERBACKS

Publicado por Creative Education y Creative Paperbacks
P.O. Box 227, Mankato, Minnesota 56002
Creative Education y Creative Paperbacks
son marcas editoriales de The Creative Company
www.thecreativecompany.us

Diseño de The Design Lab
Dirección de arte de Wyeth Morgan
Editado de Jill Kalz

Fotografías de Getty Images/Avalon, 21, JEAN-CHRISTOPHE VERHAEGEN, 9, Perry McKenna, 13, VW Pics, 5; Pexels/Aaron Brewer, 10, Ana Karenina, 2; Shutterstock/Arthur Balitskii, 7; Unsplash/Caleb Woods, 6, John Thomas, portada, 1, Y S, 18; Wikimedia Commons/Franco Folini, 14, Henry, 22-23, nature80020, 12, 17

Library of Congress Cataloging-in-Publication Data
Names: Bolte, Mari, author.
Title: Los coyotes / by Mari Bolte.
Other titles: Coyotes. Spanish
Description: Mankato, Minnesota : Creative Education and Creative Paperbacks, [2025] | Series: Planeta animal | Includes bibliographical references and index. | Audience: Ages 6–9 | Audience: Grades 2–3 | Summary: "Discover the yipping-barking-howling coyote in this North American Spanish translation! Explore the wild dog's anatomy, diet, habitat, and life cycle. Captions, on-page definitions, an American Indian animal folktale, and an index support elementary-aged kids"—Provided by publisher.
Identifiers: LCCN 2024018539 (print) | LCCN 2024018540 (ebook) | ISBN 9798889895558 (library binding) | ISBN 9781682777404 (paperback) | ISBN 9798889895657 (ebook)
Subjects: LCSH: Coyote—Juvenile literature.
Classification: LCC QL737.C22 B577418 2025 (print) | LCC QL737.C22 (ebook) | DDC 599.77/25—dc23/eng/20240523

Impreso en China

Índice

Algunos llaman a los coyotes "perros cantores". Su nombre científico, Canis latrans, *significa "perro ladrador".*

Coyotes son miembros salvajes de la familia de los perros. Hay 19 tipos de coyote. La mayoría de los coyotes tienen el pelaje marrón grisáceo con la garganta y el vientre blancos. Su cola, larga y tupida, tiene la punta negra.

Coyotes son más grandes que los zorros pero más pequeños que los lobos. La mayoría pesa menos de 35 libras (16 kilogramos). Los coyotes miden entre 2 y 3 pies (0,6–0,9 metros) a la altura del hombro. Tienen aproximadamente el mismo tamaño que los pastores alemanes.

La cola de un coyote puede medir 20 pulgadas (51 centímetros).

Coyotes tienen orejas puntiagudas en la parte superior de la cabeza. Las orejas pueden girarse hacia delante y hacia atrás para captar los sonidos. Los hocicos largos y estrechos ayudan a los coyotes a excavar en busca de comida. La mayoría de los coyotes tienen los ojos amarillos.

Los coyotes usualmente están tranquilos durante el día, aullando con más frecuencia al amanecer y al atardecer.

El color del pelaje del coyote le ayuda a ocultarse en las hierbas secas y altas.

Los coyotes viven tan al norte como Alaska y tan al sur como América Central. Viven en grandes áreas llamados territorios. Los coyotes marcan sus territorios con orina o heces. Los grupos familiares pueden aullar para advertir a otros coyotes que se mantengan alejados.

heces desechos corporales

El grupo familiarse de un coyote se llama la manada. Un coyote macho y una hembra la lideran. Otros adultos de la manada ayudan a cazar o cuidan de las crías. Los coyotes suelen descansar durante el día. Son más activos por la noche.

Las manadas suelen tener entre tres y siete miembros.

Los coyotes suelen cazar saltando o abalanzándose sobre animales pequeños.

Los coyotes cazan para comida. Tienen buen olfato y vista aguda. Pequeños animales como ratones, conejos, serpientes y lagartos son **presas** comunes. También los insectos. Los coyotes también pueden comer frutas y verduras.

presa un animal que es matado y devorado por otro animal

El color claro del pelaje de un cachorro se oscurece a medida que crece.

Las crías de coyotes nacen en verano. Las madres dan a luz en **madrigueras**. Una **camada** media de tiene de cuatro a siete bebés, llamados cachorros. Los cachorros recién nacidos no pueden ver ni oír. La manada los alimenta y los mantiene seguro.

madrigueras zonas pequeñas y seguras que se ocultan

camada grupo de crías nacidas de una misma madre al mismo tiempo

El coyote medio vive unos 10 años en libertad.

Los cachorros abandonan la madriguera a las 10 semanas. La manada les enseña a cazar. Los coyotes son inteligentes y aprenden rápido. Se adaptan bien a las condiciones nuevas. Entre los seis y los nueve meses, los coyotes son adultos.

adaptarse al cambio para mejorar las posibilidades de supervivencia

Los coyotes son animales ruidosos. Ladran, resoplan y aúllan. Los miembros de la familia hablan entre sí aullando. El eco de los aullidos puede engañar a otros coyotes haciéndoles creer que la manada es más grande de lo que realmente es.

Los cantos de los coyotes pueden durar 20 minutos o más.

Un cuento de coyotes

En muchas historias antiguas, el coyote es un astuto embaucador. Hace bromas a otros animales o intenta ganar concursos injustamente. Es astuto y avaricioso. A veces, los planes de Coyote no funcionan. Le salen mal y le perjudican. Los cuentos de Coyote son herramientas didácticas. Demuestran que ser egoísta puede tener resultados desagradables o dolorosos.

Índice